U0155828

Contents
目录

狗的基础知识

狗的历史

在生物学上，狗属于食肉目犬科犬属的哺乳动物，它们作为家庭的一员，广受大家喜爱。目前被世界犬业联盟（Fédération Cynologique Internationale，FCI）认证的家犬有 300 多个品种。

狗是最早被人类成功驯化为家畜的动物。人们在以色列距今 12 000 年前的遗迹中，发现了幼犬或狼幼崽抱在一起的残骸。

下面我们主要以人类饲养的家犬为例进行解说。

距今 4000 万 ~5000 万年以前，地球上出现了一种形似黄鼠狼、名为“小古猫”的动物。小古猫被认为是食肉动物的祖先。4500 万年前，食肉目已经分化为猫型亚目和犬型亚目。

从线粒体 DNA 的解析来看，狗和狼没有差别。换句话说，狼经过驯化和人为改良后的品种就是狗。不过，狗和狼的分化时期还没有定论，众说纷纭，推测是在 15 000 年前。总之，狗和狼被认为是两种不同动物的时期非常短暂。

▲家犬被认为是灰狼的亚种

狗的身体

狗拥有适合长距离奔跑的骨骼与出众的耐力。接下来，我们介绍一下狗狗的身体构造和技能。

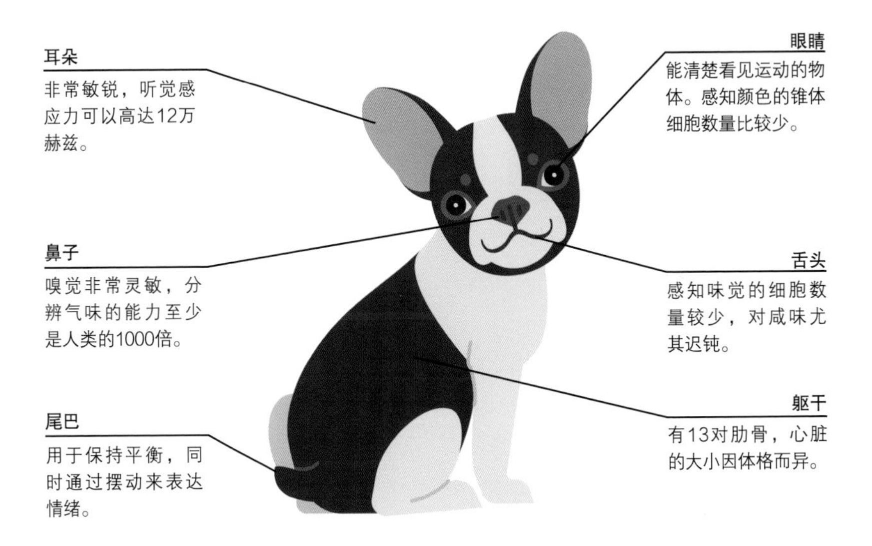

Point 可以根据狗狗尾巴的位置和尾巴摆动方式来分辨它们的情绪：尾巴呈水平状、全身紧绷时，表示狗狗非常紧张；尾巴夹在后脚中间时，表示狗狗感到害怕；尾巴翘起来、左右摆动时，表示狗狗想与你亲近。

狗的毛色

狗狗的毛色有很多种，不同个体之间的配色看起来会有微妙的差别。除白色和黑色以外，我们再向大家介绍其他几种常见的毛色和斑点、斑纹。

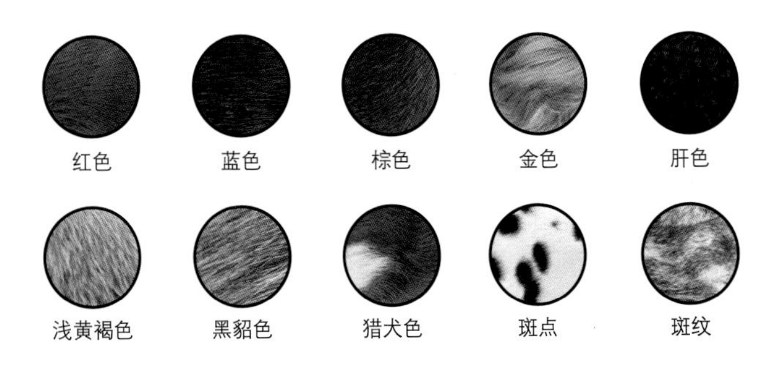

Point 黑貂色是指底色中混杂着黑色的毛色。猎犬色一般指比格犬的典型配色。不同的狗狗个体之间，毛色的深浅和斑纹、斑点等会存在差异。

秋田犬

Akita

秋田犬是一种大型犬，因电影《忠犬八公的故事》而被大家所熟知。一方面它们相当忠诚，对主人的感情十分深厚；另一方面，秋田犬在历史上曾经是猎犬和斗犬，所以有时候对陌生人具有较强的戒备心。

秋田犬长大后，四肢会变得修长，体形更加魁梧，厚厚的、直立的三角形耳朵是它们的显著特征。成年犬的脸庞看起来威风凛凛，小时候则浑圆可爱。秋田犬的运动能力出色，主人需要定期遛狗，让它们释放压力。

Data

原产国：日本　**身高**：61~67 厘米※　**体重**：35~50 千克※
毛色、斑点：红色、白色，有黑白斑、虎斑

※本书中各犬种的身高、体重均为标准型犬的数值，下不赘述。

原产于日本的秋田犬，是6种
日本犬种中唯一的大型犬。

阿拉斯加雪橇犬

Alaskan Malamute

与狼狂野的外表不同，阿拉斯加雪橇犬的性格友好、稳重。它们最初是由阿拉斯加西海岸爱斯基摩人饲养的，其厚实的被毛和结实的体格极易让人联想到它们在极寒的环境中拉雪橇的场景。

幼犬时期，它们圆溜溜的眼睛非常可爱，喜欢撒娇，爱与人亲近，但也有顽固的一面，而且一旦压力堆积，就很容易变得具有攻击性。它们体力充沛，需要大量的运动，有条件的话，最好每天都带它们散步 2 小时以上。另外，阿拉斯加雪橇犬的毛发浓密，需要经常给它们梳毛和洗澡。

Data

原产国：美国　**身高**：58~70 厘米　**体重**：34~55 千克
毛色：黑色、灰色、浅灰色、黑貂色、红色

阿拉斯加雪橇犬的毛色，除了黑色系如浅灰色、灰色、黑色之外，还有茶色系如黑貂色和红色等。

比格犬

Beagle

比格犬据说是美国漫画《花生漫画》里史努比的原型，其充满好奇心的个性深受全世界爱狗人士的喜爱。比格犬的历史可以追溯到公元前，它们在古希腊和 14 世纪的英国一直扮演着猎兔犬的角色。

短毛，垂耳，被毛手感顺滑又富有光泽，这些是比格犬的显著特征。在很远的地方就能听到它们大叫的声音，这也是比格犬的特征之一。它们体形较小，但令人意外的是，身体却非常结实，而且耐力出众。它们喜欢集体行动，对其他犬类相当友好。

Data

原产国：英国　**身高**：33~40 厘米　**体重**：7~12 千克
毛色：猎犬色（包含白色、黑色、茶色 3 种颜色）、红白色、柠檬色

比格犬的嗅觉极其灵敏，通常能在机场看到它们作为检疫物品的搜查犬和毒品搜查犬大显身手的模样。

边境牧羊犬

Border Collie

边境牧羊犬拥有出色的运动能力，所以人们经常能在各种犬类运动会中看到它们活跃的身影。它们原本是英国的牧羊犬，因为生活在苏格兰边境，后来人们在它们的名字中加入了“边境”二字。据说边境牧羊犬的祖先是用来看管驯鹿的牧羊犬，在 8 世纪后半期至 11 世纪，由维京人从斯堪的纳维亚半岛带到了英国本土。

边境牧羊犬的体形优雅、匀称，拥有出众的耐力，被认为是最聪明的犬种之一，因此，对其在幼犬时期的训练尤为重要。

原产国：英国　**身高**：52~53 厘米　**体重**：20 千克左右
毛色：黑色、红色、巧克力色、蓝色、黑貂色等

边境牧羊犬运动神经发达，性格活泼好动，被认为是超级活跃的狗狗。

拳师犬

Boxer

拳师犬的祖先是古老的獒犬种，拥有发达的肌肉、强韧的骨骼。过去人们狩猎时，它们扮演着重要的角色，能用宽大有力的下颌咬住猎物，等待猎人赶来。关于它们犬种名的由来众说纷纭，据说是因为它们后脚站立、前脚抬起来的样子很像拳击手。

它们的毛色多为浅黄褐色（即金色中带点茶色），有斑纹，居于红褐色和浅黄褐色之间的色调被认为是最漂亮的毛色。它们性格沉稳，对陌生人和其他狗狗的戒备心较强，可一旦和主人建立起信赖关系，它们就会成为忠诚的伙伴。

Data

原产国：德国　**身高**：53~63 厘米　**体重**：25~32 千克
毛色、斑纹：浅黄褐色、红褐色等，有斑纹

拳师犬黑色的口鼻部看起来很像黑色的口罩。它们下唇突出，拥有独特的“地包天”嘴型，而且嘴唇比较厚。

吉娃娃

Chihuahua

吉娃娃是一种拥有立耳的超小型室内犬，也是人们熟知的世界上最小的犬种之一，人气一直居高不下。犬种名源自墨西哥的奇瓦瓦州。关于它们的起源说法很多，其中一种认为古代墨西哥饲养的“Techichi”——作为宗教仪式活祭品的小型犬，是吉娃娃的祖先。

吉娃娃的性格开朗活泼，敢于顶撞大型犬；对主人的爱会表现出强烈的占有欲，能清楚地分辨家人和非家人。圆溜溜的大眼睛可爱又有神，头部像苹果一样圆润，所以又被称为“Apple Pet”。

Data

原产国：墨西哥　**身高：**12~20 厘米　**体重：**1.5~3.0 千克

毛色：纯红色、浅茶色、白色、黑白色、棕白色

吉娃娃是可以像家人一样相处的伴侣犬，特点是怕冷，所以冬天时要记得给它们穿上衣服哦。

松狮犬

Chow Chow

松狮犬是一种古代的犬种，原产于中国。脸部周围有浓密的被毛，看起来有几分狮子的风范；身躯较短；舌头是蓝黑色的。它们的外形特征明显，被认为是萨摩耶犬和藏獒的杂交品种。

松狮犬性格稳重，不会随便乱叫，但戒备心较重，有时候也不太听话，所以在幼犬时期就要耐心地调教和训练它们。它们身上的被毛比较长，夏天的时候很怕热，主人要定期给它们修剪毛发。

原产国：中国　**身高**：46~56 厘米　**体重**：18~27 千克
毛色：黑色、白色、红色、蓝色、浅黄褐色、肉桂色、奶油色

19世纪作为“中国野生犬”的代表，松狮犬曾在伦敦动物园展出，[illegible]了维多利亚女王的关注。

腊肠犬

Dachshund

腊肠犬起源于12世纪的瑞士、德国、奥地利山丘地带，当时人们将它们称为Dackel或Teckel。

腊肠犬四肢极短，躯干较长，因为其独特的体形而被人们所熟知。根据毛质，它们可分为光滑型、长毛型、刚毛型3种，其中以光滑型的被毛最短。按照体形，它们又可分为3种：标准型、迷你型、兔子型。

腊肠犬的特点：耳朵下垂，口鼻部较长，肌肉非常发达；性格要强，充满好奇心，活泼好动，喜欢捕猎。

原产国：德国　**身高**：20~23厘米　**体重**：7~15千克
毛色、斑点：光滑型、长毛型的毛色均为红黄色，有斑点；刚毛型的毛色为野猪色、枯叶色

用玩具球或者绳子逗腊肠犬，会激发它们的狩猎本能，也有利于缓解它们的压力。

大麦町犬

Dalmatian

大麦町犬拥有独特的白色毛皮、黑色斑点，它们是美国电影《101 忠狗》的原型，其知名度可见一斑。大麦町犬因克罗地亚的达尔马提亚而得名，但准确的起源还没有定论。健硕的身体、灵活的跳跃姿势，让人不禁想起大麦町犬曾经作为马车犬的潇洒模样。

大麦町犬耳朵下垂，体态优雅，全身覆盖着富有光泽的短毛，不过，它们中患有先天听觉障碍的个体较多。经过训练后，它们能够具备适应长距离奔跑的强劲脚力和心肺功能，但需要靠定期运动来保持。

Data

原产国：克罗地亚　**身高**：54~61 厘米　**体重**：24~32 千克
毛色、斑点：底色是纯白色，斑点为黑色、肝色（即深红褐色）

※下页图中提到的“狗展”，指血统纯正的犬类品鉴会。

大麦町犬身上的斑点除黑色以外，还有肝色的，斑纹轮廓清晰的个体在狗展※上颇受青睐。

英国可卡犬

English Cocker Spaniel

卷曲顺滑的被毛，耷拉的长耳朵，使得英国可卡犬看起来魅力十足。英国可卡犬是众多猎鹬犬种中的一种。17 世纪以后，英国人常用它来捕捉丘鹬（Woodcock）等鸟类，所以才在其名字中加入了“Cocker”。

它们精力旺盛，喜欢球类运动；气质温厚，能与主人进行亲密的交流。因为它们聪明又听话，所以比较容易调教和训练。1620 年传入美国后，人们逐渐培育出体形、被毛等都有变化的犬种，这种独立的品种被称为“美国可卡犬”。

Data

原产国：英国　**身高**：38~41 厘米　**体重**：13~15 千克
毛色：黑色、浅茶色、沙色、红色、橙色、柠檬色等单色或双色

据说英国可卡犬的毛色有20多种，但还是以纯白底色夹杂沙色的个体居多。

法国斗牛犬

French Bulldog

法国斗牛犬是一种长相独特、拥有超高人气的玩赏犬。它们长有一对大大的“蝙蝠耳”，面部褶皱较多。其祖先是诞生于英国的斗牛犬，其中体形较小的个体被带到法国，由此诞生了法国斗牛犬。19 世纪后半期，在热心饲养员的培育下，法国斗牛犬经过多次繁殖，成为法国上流社会和艺术家追捧的犬种。

它们体形小巧，肌肉结实，爱撒娇，不爱激烈的运动，经常对主人露出憨态可掬的表情，广受全世界爱狗人士的喜爱。

原产国：法国　**身高**：26~31 厘米　**体重**：8~14 千克
毛色、斑点（斑纹）：浅黄褐色（色调从红色到浅棕色不等）、奶油色，有黑白斑、奶牛斑纹

法国斗牛犬的鼻子较短，容易引发呼吸不畅，它们的叫声有时候听起来像猪叫声。

德国牧羊犬

German Shepherd Dog

作为优秀的警犬，德国牧羊犬活跃在全世界，也是警犬中数量最多的犬种。它们很勇敢，工作能力出色，深得人类的信赖。德国农村自古以来驯养的牧羊犬被认为是德国牧羊犬培育的基础，经过长期的、彻底的改良和训练后，现在的品种才得以诞生。

德国牧羊犬拥有出众的嗅觉和极高的智商，以及能够承受高强度运动的结实的体格。它们的毛色种类丰富，最具代表性的是黑色底色夹杂浅茶色（黄褐色）斑块。

Data

原产国：德国　**身高：**55~65 厘米　**体重：**22~41 千克

毛色、斑块：黑色或灰色的单色，或者黑色底色夹杂灰色、黄色、浅茶色的斑块等

德国牧羊犬的魁梧身姿，很多时候会让人觉得它们非常凶猛。不过，它们对信赖的主人会表现出绝对的忠诚。

金毛寻回犬

Golden Retriever

金毛寻回犬性格友好，喜欢亲近人，大部分人都会选择它们作为伴侣犬，或将它们培育成导盲犬。19 世纪后半期，热衷研究优秀猎犬的英国特威德茅斯爵士培育出了金毛寻回犬。它们全身的肌肉发达，四肢灵活自如，可以勇敢地跳进冰冷的水中游泳；被毛分为上、下两层，拥有出色的防水效果，毛色为金色或明亮的奶油色。

金毛寻回犬本就是负责寻回猎物的猎犬，所以擅长衔着球长时间地来回跑动。作为宠物，它们忠心耿耿、聪明活泼，深受大家的喜爱。

Data

原产国：英国　**身高**：51~61 厘米　**体重**：24~34 千克

毛色：金色（色调从浅色到深色不等）、奶油色

明亮的杏眼，温柔的目光，耷拉的耳朵，卷曲又顺滑的被毛，这些都是金毛寻回犬的特征。

杰克罗素犬

Jack Russell Terrier

杰克罗素犬的体形小、力气大，性格活泼好动，经常在美国电影里出现，因而享有超高人气。19 世纪初，英国牧师杰克·罗素培育出一种能够驱逐狐狸并潜入其巢穴捕获猎物的猎犬，这便是杰克罗素犬的起源。

杰克罗素犬的特点是动作灵活敏捷，性格勇敢无畏。除了主人以外，它们很少会听从其他人的指示，属于典型的“只认一人”的犬种。因其具有较强的狩猎欲，平时需要重视对它们的训练。如果家里还养着其他小型动物，主人就更要留心了。

原产国：英国　**身高：**23~30 厘米　**体重：**4~6 千克
毛色：白色底色夹杂黑色、浅茶色、黄褐色

杰克罗素犬的好奇心旺盛，喜欢追逐和玩球。主人一定要记得定期带它们出门运动，以缓解压力和改善运动不足。

拉布拉多寻回犬

Labrador Retriever

拉布拉多寻回犬的性格沉稳，富有奉献精神，所以常被用作导盲犬和服务犬。该犬种的祖先是加拿大纽芬兰岛原产的“圣·约翰水犬”，当初的作用主要是帮助渔夫把捕到的鱼拖回岸上。19 世纪初，它们被带入英国，因为学习能力突出，通常会被买主培养成捕捉鸭子等水鸟的猎犬。

拉布拉多寻回犬属于大型犬，它们的躯干较短，骨架大，肌肉紧实的身体上覆盖着短毛。有的拉布拉多寻回犬胸前还会出现相当罕见的白色斑点，人们戏称这是它们的“奖牌”。

Data

原产国：加拿大　**身高**：56~62 厘米　**体重**：25~36 千克
毛色：黑色、黄色（色调从奶油色到红狐色不等）、肝色、巧克力色

拉布拉多寻回犬喜欢捡球，在敏捷性、速度方面拥有天赋。它们原本是水上猎犬，所以水性极好。

马尔济斯犬

Maltese

马尔济斯犬拥有如丝一般顺滑的被毛和可爱的圆眼睛，而且乖巧听话，所以自古以来就是欧洲人喜爱的玩赏犬。据说，马尔济斯犬的祖先在公元前被带到马耳他后，就一直受到古埃及贵族和希腊贵族的宠爱。19 世纪，维多利亚女王也曾经饲养过这种犬。

马尔济斯犬温文尔雅，但也有淘气活泼的一面，有时还敢与大型犬对抗。它们调节体温的能力较差，适合在室内饲养。此外，它们纤细的被毛容易打结，需要每天梳理和及时修剪。

Data

原产国：意大利　**身高**：20~25 厘米　**体重**：2~3 千克
毛色：纯白色、柠檬色、浅茶色

马尔济斯犬是历史悠久的玩赏犬。它们的运动量不大，室内玩耍和短时间的散步就足以令它们保持健康。

蝴蝶犬

Papillon

蝴蝶犬大耳朵的轮廓酷似蝴蝶的翅膀，便因此而得名。法语“Papillon”的意思就是“蝴蝶”。据说其祖先是原产于西班牙的玩具猎鹬犬。蝴蝶犬娇小可爱的模样深受16世纪欧洲贵族的宠爱，尤其是玛丽·安托瓦内特对它们情有独钟，这大大提高了蝴蝶犬的知名度。

飘逸的长被毛和窈窕的体态，是蝴蝶犬的显著特征。它们性格稳重，喜欢与人亲近；走路时脚步轻盈，气质满分。它们的毛色基本都是纯白底色，大家挑选时，最好选择脸上火焰斑纹（贯穿两眼间的鼻梁，位于面部正中央的白线）较宽的幼犬。

原产国：法国　**身高**：20~28厘米　**体重**：2~4千克
毛色：通常为白色底色夹杂黑色、棕色、柠檬色、黑貂色等

在波旁王朝之前，蝴蝶犬通常都是垂耳。19世纪末期，人们培育出了立耳的品种。

彭布罗克威尔士柯基犬

Pembroke Welsh Corgi

彭布罗克威尔士柯基犬最明显的特征就是直立的三角形大耳朵，面部与狐狸有几分相似。它们的起源可以上溯到 1107 年，原产于英国南部的威尔士。对当时的农民来说，彭布罗克威尔士柯基犬是不可或缺的存在，作为畜牧犬，它会及时避开牛群的脚步，同时又能起到引导作用。如今它们仍然是英国王室钟爱的犬种。

从体形上看，彭布罗克威尔士柯基犬的躯干较长，四肢较短。它们叫声明亮，性格好动，散步时会时不时地啃咬主人的脚，喜欢和小朋友玩耍，人气一直居高不下。但近年来纯种彭布罗克威尔士柯基犬的数量逐年减少，濒临灭绝的危险。

原产国：英国　**身高**：25~31 厘米　**体重**：10~14 千克
毛色：红色、黑貂色、浅黄褐色、黑色、浅茶色

彭布罗克威尔士柯基犬的数量减少，可能与2007年英国政府颁布的禁止断尾的法律有关。

博美犬

Pomeranian

博美犬的颈部周围有柔软、浓密的被毛，体形略圆，看起来非常可爱。因为鼻尖像狐狸一样隆起，也被称为“狐狸犬”。德国的绒毛犬和萨摩耶犬被认为是博美犬的祖先。博美犬是来到波罗的海南岸的波美拉尼亚以后，才慢慢地被改良成小型犬。18 世纪以后，博美犬广受英国人的喜爱。19 世纪，维多利亚女王也曾饲养过博美犬，据说女王临终前，爱犬还陪伴在她的左右。

博美犬性格友好，对主人忠心耿耿，易于调教，不过也有过于活泼，动不动乱叫的个体。

Data

原产国：德国　**身高**：18~22 厘米　**体重**：1.8~3.0 千克
毛色：白色、黑色、棕色、巧克力色、红色、橙色、奶油色

博美犬原本属于中型犬，在被改良成小型犬的过程中骨骼随之变小。受到这个影响，博美犬的关节非常脆弱，容易脱臼。

罗威纳犬

Rottweiler

身体结实强壮、威风凛凛的罗威纳犬，被认为是最古老的犬种之一。它们曾经跟随罗马大军翻越阿尔卑斯山脉，担任看守士兵军粮和家畜的角色。德国南部的罗特威尔是该犬种的饲养地，因此得名“罗威纳犬”。

罗威纳犬的被毛底色基本为纯黑色，脸颊、口鼻部、胸部夹杂着黄褐色的斑块。它们懂事、沉稳，对主人感情深厚，护主心切。它们的领地意识非常强，有时可能会对其他狗狗展开攻击。

Data

原产国：德国　**身高**：56~68 厘米　**体重**：35~50 千克
毛色、斑块：黑色的底色中夹杂着鲜明的浅茶色斑块

罗威纳犬随时表现出极高的警戒心，现在人们经常能看到罗威纳犬作为警犬和护卫犬活跃的身影。

萨摩耶犬

Samoyed

萨摩耶犬拥有雪一样洁白的被毛，魅力十足。它们微微上扬的嘴角看起来像在笑，这种独特的“笑容”被人们称为“萨摩耶笑”。它们原本与游牧民族萨摩耶德人一起生活在极寒的西伯利亚苔原地带，分担看守驯鹿、拉雪橇的任务。

现在，温和友好的萨摩耶犬是一种非常受人喜爱的家犬，享有超高的人气，即便家里有小孩或老人，也可以放心饲养。萨摩耶犬有一层厚厚的皮下脂肪，能适应寒冷的气候环境，而且体力充沛。

原产国：俄罗斯　**身高：**53~60 厘米　**体重：**16~30 千克
毛色、斑块：纯白色、奶油色或白色底色中夹杂着饼干色斑块

萨摩耶犬曾经是南极探险队中的一员。1911年，挪威探险家罗尔德·阿蒙森率领50只萨摩耶犬到达南极，这也是人类史上第一次到达南极点。

喜乐蒂牧羊犬

Shetland Sheepdog

喜乐蒂牧羊犬的颈部周围至胸前有丰厚的饰毛。关于它们的起源，可以追溯到几个世纪以前，据说英国设德兰群岛饲养的畜牧犬是它们的祖先，而另一种说法认为，喜乐蒂牧羊犬是边境牧羊犬或粗毛牧羊犬与萨摩耶之类绒毛犬的混血品种。

喜乐蒂牧羊犬虽然属于小型犬，但肌肉结实，具备牧羊犬所必需的敏捷性。其毛色多种多样，大部分喜乐蒂牧羊犬的身体各处都有白色的斑块。它们的性格讨人喜欢，聪明活泼，能与主人进行适当的交流。

Data

原产国：英国　**身高：**35~41 厘米　**体重：**6~12 千克

毛色：黑貂色夹杂白色、大理石色夹杂浅茶色、双蓝色、双黑色等

喜乐蒂牧羊犬拥有出众的速度和忍耐力，但并不需要特别大的运动量。它们的模样与粗毛牧羊犬有几分相似，但体形较小，四肢与躯干的比例也和粗毛牧羊犬不一样。

柴犬

Shiba

柴犬作为日本的古老犬种，因朴实憨厚的性格而深受人们喜爱。柴犬的历史相当悠久，从绳纹时代的遗址中出土的“绳纹柴”被认为是柴犬的祖先。当时作为一种较为聪明的猎犬，柴犬主要负责狩猎鸟类和兔子等小型动物。

相较于身高，柴犬的躯干偏长，表面覆盖着厚厚的被毛，尾巴卷曲。它们记忆力好，但也有顽固的一面，有时会对同性犬类发起攻击。柴犬属于活泼好动、体力充沛的犬种，所以每天至少要散步 1 小时。

原产国：日本 **身高**：36~40 厘米 **体重**：9 千克左右
毛色、斑点：红色、深棕色、黑色，有黑白斑

关于柴犬名字中“柴”的解释，说法不一。有人认为，“柴”在日本古语中意指“小”。还有人认为，其红褐色的被毛与干枯的柴的颜色相似，所以取名“柴犬”。

西施犬

Shih Tzu

西施犬的全身覆盖着浓密的被毛，炯炯有神的大眼睛超级可爱。它们起源于西藏，被认为是拉萨犬和北京犬（京巴犬）的杂交品种。由于西施犬的长相酷似狮子，所以也被称作“狮子狗”。

西施犬的毛色多为黑白色和茶色。它们喜欢玩耍，兼具聪明顽皮与成熟稳重的气质，是广受大家喜爱的玩赏犬。西施犬不适应高温、湿润的气候，所以不太适合在室外饲养，夏天也需要主人勤打理毛发。

原产国：中国　**身高：**20~28 厘米　**体重：**4~7 千克
毛色：金色、黑色、白色、蓝色等，单色或杂色

浓密的被毛将鼻子附近包围，放射状散开的样子宛如一朵菊花，所以西施犬也叫“菊脸犬”。

西伯利亚雪橇犬

Siberian Husky

犀利的脸庞加上强有力的体形，西伯利亚雪橇犬往往会让人联想到狼。这种大型犬属于绒毛犬，原先由生活在西伯利亚的楚科奇人饲养，担任拉雪橇、狩猎的重要工作。西伯利亚雪橇犬耐严寒，全身覆盖着浓密的双层被毛，还拥有一层厚厚的皮下脂肪。由于曾经是雪橇犬，它们具有适应长距离奔跑的超强耐力，这种能力在同类犬中实属罕见。

西伯利亚雪橇犬的社会性较强，与其他犬类和人类都能友好相处。除了聪明伶俐以外，它们还有固执、警戒心强的一面。

Data

原产国：俄罗斯　**身高**：54~60 厘米　**体重**：21~28 千克
毛色：黑色、灰色、白色、棕色等

西伯利亚雪橇犬属于精力旺盛、好动的犬种，需要在遛狗场进行长时间的运动。一旦运动量不足，压力堆积，它们有时候就会做出冲撞家具或狗舍之类的破坏性行为。

玩具贵宾犬

Toy Poodle

作为常见的室内犬品种，它们独特的卷毛充满着吸引力，深受许多家庭的喜爱。玩具贵宾犬属于超小型犬类，在 4 种贵宾犬中体形最小。根据权威的说法，玩具贵宾犬起源于俄罗斯或中亚北部，后来在欧洲被训练为工作犬，用于捕捉鸭子等。贵宾犬的犬名来自于德语“Pudel”，意思是“水花四溅”，这表明它们曾经是擅长在水边狩猎的犬种。

玩具贵宾犬的躯干长度和身高差不多，体形基本呈四方形，还拥有一条粗壮的、向上翘起的尾巴。它们好奇心强，具有服务精神，随时随地都会讨主人喜欢。

Data

原产国：法国　**身高**：24~28 厘米　**体重**：4 千克左右
毛色：黑色、白色、蓝色、灰色、棕褐色、奶油色、银色等

玩具贵宾犬浓密的被毛成为人们施展“洗剪吹”技术的舞台，也由此诞生出“芭比”“运动”等风格多变的造型。

约克夏犬

Yorkshire Terrier

这种小型犬的全身覆盖着富有光泽的长毛。约克夏犬的原产地是英格兰北部的约克郡，是 19 世纪中叶工人们为了驱赶家中的老鼠而培育出来的犬种。幼犬时期，它们的被毛基本是黑色和黄褐色的，长大后逐渐产生金色、银色等 7 种颜色，所以约克夏犬有着“会动的宝石”的美誉，广受世界爱狗人士的喜爱。

它们体形小巧却活泼好动，非常喜欢冒险。它们适应温度变化的能力较差，通常需要在室内饲养，冬天最好能替它们穿上衣服。

Data

原产国：英国　**身高：**15~18 厘米　**体重：**2~3 千克
毛色：钢蓝色夹杂浅茶色、黑色夹杂浅茶色、金色夹杂浅茶色

约克夏犬这种体形大小仅次于吉娃娃的犬种，长大后体重只有2~3千克的个体非常多。每天竖持20分钟的散步，它们的运动量就足够了。

图书在版编目（CIP）数据

小狗 / 日本日贩IPS编著；何凝一译. -- 贵阳：贵州科技出版社, 2022.1（2024.2重印）

ISBN 978-7-5532-0981-4

Ⅰ. ①小… Ⅱ. ①日… ②何… Ⅲ. ①犬－青少年读物 Ⅳ. ①Q959.838-49

中国版本图书馆CIP数据核字(2021)第200407号

著作权合同登记号 图字：22-2021-043

TITLE：［子犬の本］

BY:［日販アイ・ピー・エス］

Copyright © 2017 NIPPAN-IPS CO., LTD

Original Japanese language edition published by NIPPAN IPS Co., Ltd.

All rights reserved. No part of this book may be reproduced in any form without the written permission of the publisher.

Chinese translation rights arranged with NIPPAN IPS Co., Ltd.

本书由日本日贩IPS株式会社授权北京书中缘图书有限公司出品并由贵州科技出版社在中国范围内独家出版本书中文简体字版本。

小狗

XIAOGOU

策划制作：北京书锦缘咨询有限公司
总 策 划：陈　庆
策　　划：宁月玲

编　　著：［日］日贩IPS
译　　者：何凝一
责任编辑：袁　隽
排版设计：柯秀翠
出版发行：贵州科技出版社
地　　址：贵阳市观山湖区会展东路SOHO区A座（邮政编码：550081）
网　　址：http://www.gzstph.com
出 版 人：王立红
经　　销：全国各地新华书店
印　　刷：昌昊伟业（天津）文化传媒有限公司
版　　次：2022年1月第1版
印　　次：2024年2月第3次印刷
字　　数：176千字
印　　张：4
开　　本：889毫米 × 1194毫米　1/32
书　　号：ISBN 978-7-5532-0981-4
定　　价：39.80元